Martina Schöps

# Meine Kekse!

## Rezepte für gesunde, allergenfreie Hundebelohnungen

Kynos Verlag

Konrad-Zuse-Straße 3 • D-54552 Nerdlen/Daun
Telefon: 06592 957389-0
Fax: 06592 957389-20
www.kynos-verlag.de

Fotos:
S.11: Bild: WDR/Kianmehr
Alle anderen: C. Pick – www.hundefotografie-mit-herz.de

Gedruckt in Lettland

ISBN 978-3-942335-03-4

# Inhaltsverzeichnis

# Vorwort

Eine gesunde Ernährung ist für Hunde genauso wichtig wie für uns Menschen. Daher sollten wir alle nicht nur auf das achten, was wir täglich zu uns nehmen, sondern auch auf das, was wir unseren Haustieren füttern. Als ausgebildete Konditorin und Patissière habe ich mich viel mit dem Thema Ernähungslehre beschäftigt.

Da das Naschen aber auch zu unserem Wohlbefinden und dem des Hundes beiträgt und zudem beim Hund noch prima in der Erziehung eingesetzt werden kann, habe ich mich in diesem Buch mit gesunden Leckerlis beschäftigt. Hinzu kommt, dass immer mehr Hunde unter Allergien und Unverträglichkeiten leiden. Auch hierzu habe ich mir viele Gedanken gemacht und diesem Thema ein ganzes Kapitel gewidmet.

Für dieses Buch habe ich mit größter Sorgfalt Rezepte entwickelt, die für fast jeden Hund geeignet sind.

In der Regel gilt, auch für Allergiker und empfindliche Hunde: Achten Sie auf die Zutaten, die Sie für die Herstellung der Leckerlis verwenden. Verwenden Sie nur Zutaten in Lebensmittel- oder Bio-Qualität, dann können Sie von Anfang an viele Unverträglichkeiten und Allergien ausschließen.

Mit diesem Buch möchte ich Ihnen Anregungen geben, aus einfachen Zutaten leckere und vor allem gesunde Leckerlis für Ihren Hund selber zu backen.

Ich wünsche Ihnen viel Spaß beim Backen und Belohnen!

Herzlichst, Ihre

Martina Schöps

# Geleitwort

Backen für Hunde: Die Ernährungsexpertin Martina Schöps hat den Schatz ihrer Erfahrungen und Kreationen in einem Buch zusammengefasst und trifft damit ganz den Zeitgeist. Denn zweifelsohne machen wir uns heute viel mehr Gedanken um unsere Haustiere als das früher der Fall war. Hunde stehen uns ganz besonders nah. Wenn wir sie auch nicht mehr unbedingt als Jagdgehilfen, Hüter unserer Herden oder Bewacher von Haus und Hof brauchen, so möchten wir doch ihre Gesellschaft nicht missen. Sie sind unsere treuen Begleiter, unsere Sportsfreunde und Fitnesstrainer. Wir planen gemeinsame Urlaubsreisen und Freizeitaktivitäten. Zusammen sind wir ein Team bei Dog Dancing, Flyball oder Agility.

Genau wie für uns selbst, so möchten wir auch für unsere Hunde nur das Beste. Wir beruhigen sie mit den kreisenden Bewegungen des Tellington Touches. Wir erklären ihren Flöhen und Zecken erfolgreich den Krieg und versäumen kaum einen Impftermin. Sollten unsere Schützlinge dennoch krank werden, dann spendieren wir bei Bedarf Physiotherapie, Akupunktur, Goldimplantate, ja sogar Bachblüten und Reiki.

Kein Wunder, dass unsere Hunde – genau wie Katzen – immer älter werden. Auf der anderen Seite leiden immer mehr Tiere unter Zivilisationskrankheiten. Viele unserer Hunde sind übergewichtig, manche so sehr, dass es ihre Lebensqualität und -erwartung deutlich einschränkt. Gleichzeitig schlagen Tierärzte Alarm, weil Hundehalter den Zähnen ihrer Vierbeiner viel zu wenig Aufmerksamkeit schenken. Doch auch ältere Hunde und Katzen müssen nicht automatisch Mundgeruch und ein schlechtes Gebiss haben. Neben Zahnpflege kann das richtige Futter wahre Wunder vollbringen. Martina Schöps' Kekse sind hier hilfreich, erstens, weil sie zuckerfrei sind, zweitens, weil manche Knabberei auch der Zahnreinigung dient, und, drittens, weil ihre Zutaten sogar für einen frischen Atem sorgen.

Auch ein Tier ist, was es isst. Und darum ist gut, dass wir Menschen uns heute mehr Gedanken um seine Ernährung machen. Noch vor zehn oder fünfzehn Jahren haben Kochbücher für Hunde eher für Kopfschütteln als für Inspiration gesorgt. Heute ist das anders. Viele Hundehalter wollen ihre Lieblinge nicht allein mit Fertigfutter aus Sack und Dose abspeisen. Manchen haben Freude daran, auch einmal für ihre Tiere zu kochen – und zu backen! Vor allem zur Weihnachtszeit bekomme ich schon fast ebenso viele liebevoll abgefüllte Kekstütchen für unsere Hunde wie für die zweibeinigen Familienmitglieder. Und die Hundeplätzchen sehen genauso lecker aus und riechen so appetitlich, dass wir sie das eine oder andere Mal schon mit unseren verwechselt haben – was jedoch nicht weiter tragisch ist.

Wer Spaß am Backen hat, wer gerne Zeit und etwas Mühe investiert, wer hier ein wenig Talent hat und gerne neue Rezepte ausprobiert, der wird große Freude an diesem Buch haben – und kann damit seinem vierbeinigen Gefährten eine große

Freude machen. Und hoffentlich dürfen auch noch möglichst viele andere Hunde im Bekanntenkreis unserer Leser davon profitieren; umso mehr lohnt sich dann der Aufwand.

Wer die Leckerchen für sein Tier selber macht, der weiß, was drin steckt und schafft eine gute und gesunde Alternative zu den häufig vergleichsweise ungesunden Produkten der Futtermittelindustrie. Das ist nicht nur für Tiere wichtig, die unter Unverträglichkeiten und Allergien leiden. Wenn Sie selber backen, können Sie dafür sorgen, dass Ihre Kekse zuckerfrei und kalorienarm sind, also gut für Zähne und Figur. Und sie bekämpfen Langeweile. Kaustäbchen und Knabberkekse beschäftigen einen Hund, wenn er einmal alleine bleiben soll. Vielleicht lässt er dann die Pumps, schönen Holzbauklötze und den Einkaufskorb unbehelligt, die seine Menschen vergessen hatten wegzuräumen.

Autorin Martina Schöps produziert und vertreibt Feinkost für Hunde und Katzen. Sie weiß, was unseren Haustieren schmeckt und gut tut. Unter ihren zahlreichen und originellen Rezepten werden Sie, liebe Hundefreunde, genau das Passende für die verschiedensten Anlässe finden.

Aber darf ich noch einen persönlichen Wunsch äußern? – Ich sprach darüber, dass viele Tierfreunde großen Aufwand betreiben, damit es ihren Hunden gut geht. Ihre Tiere genießen ein schönes Leben, haben Menschen, die sich um sie kümmern, die ihnen vielleicht sogar Kekse backen! Doch wir sollten auch die anderen nicht vergessen! Die Tausende von Hunden, die kein Zuhause haben und hinter Tierheimgittern auf ihre große Chance warten. Geben Sie sie ihnen, verehrte Leser! Falls Sie sich einen Hund anschaffen wollen, dann nehmen Sie bitte einen vom Tierschutz – und verwöhnen ihn mit Martina Schöps' Rezepten. Guten Appetit!

Frankfurt, April 2010

Claudia Ludwig

Dr. Claudia Ludwig

Moderatorin der Sendung Servicezeit: Tiere suchen ein Zuhause im WDR Fernsehen

# Warum selber backen und kochen?

Immer mehr Hunde leiden unter Allergien und Unverträglichkeiten gegenüber chemischen Zusätzen, künstlichen Konservierungsmitteln und Vitaminen sowie tierischen und pflanzlichen Nebenerzeugnissen. Mit diesem Buch erhalten Sie Rezepte für Kekse, die Sie ganz einfach aus herkömmlichen Lebensmitteln oder Lebensmitteln in Bio-Qualität selbst herstellen können.

# Wichtig ist, was nicht drin ist!

Wenn Sie die Leckerlis für Ihren Hund selbst herstellen, wissen Sie auch genau, was drin ist.

Bei kommerziell hergestellten Leckerlis und Futter wird oft in Produktgruppen deklariert. Das heißt, es werden zum Beispiel Getreide, Fleisch und Mineralstoffe angegeben.

Aber was heißt das? Welches Getreide ist in diesem Produkt enthalten?

Für Menschen, die einen Hund mit einer Getreideallergie oder aber auch »nur« mit einer Weizenallergie haben, gibt es hier schon oft Probleme. Also besser selbst backen und die geliebte Fellnase einfach ohne Reue genießen lassen.

Seit Hunderten von Jahren werden Kräuter in der Medizin wirksam eingesetzt. Daher verwende ich auch bei der Herstellung meiner Leckerlis gerne Kräuter und Samen und kann somit auf natürliche Weise verschiedene Wirkungen erzielen.

Fenchel, Kamille, Minze, Salbei und Thymian wirken entkrampfend und beruhigend auf Magen und Darm und sorgen nebenbei noch für einen besseren Atem.

Zimt hat keine besondere Wirkung, schmeckt aber einfach gut, auch unseren Hunden.

Amarant, Buchweizen und Hirse sind glutenfrei und somit bei Zöliakie (Glutenunverträglichkeit) bestens geeignet.

Für Hundebesitzer, deren Hund an einer Glutenunverträglichkeit leidet, ist es sehr schwer, schmackhafte Leckerlis zu bekommen, die der Vierbeiner verträgt. Daher habe ich diesem Thema ein ganzes Kapitel gewidmet.

Carob wird aus der Frucht des Johannisbrotbaums gewonnen und erinnert an den Geschmack des Kakaos. Es enthält eine natürliche Süße sowie die Vitamine A, B, Calcium und Eisen.

Carob wird mehr oder weniger wie ein »Gewürz« verarbeitet. Da es weder Koffein noch Theobromin (beides für den Hund sehr schädliche Stoffe) enthält, können wir Carob sehr gut als Kakaoersatz bei der Herstellung von Hundekeksen verwenden.

Roggen- und Dinkelmehl sind eine hervorragende Alternative zu Weizenmehl. In diesem Buch werden keinerlei Weizenmehle verwendet, auch bei der Herstellung in meinem Betrieb wird weitgehend auf die Verwendung von Weizenmehl verzichtet. In den meisten Fällen einer Getreideunverträglichkeit beruht diese ausschließlich auf Weizen- oder Sojamehl. Deshalb erhalten Sie mit meinen Rezepten wertvolle Ideen, wie man auch ohne Weizenmehl backen kann.

Bitte beachten Sie, dass diese Rezepte nicht zur ausschließlichen Ernährung Ihres Hundes dienen. Sie sind nur für die Belohnung geeignet. Sie wurden eigens für dieses Buch entwickelt und getestet. Beachten Sie auch, dass es zu unterschiedlichen Reaktionen sowie Nahrungsunverträglichkeiten kommen kann. Daher können weder Verlag noch Autorin Haftung für Personen-, Sach- oder Vermögensschäden übernehmen, die bei der Umsetzung dieser Rezepte entstehen können.

# Vorbereitung und Aufbewahrung

Verwenden Sie zur Herstellung der Leckerlis nur Produkte, die Sie auch selbst verzehren würden. Ein Einkauf hochwertiger Produkte, gerne auch in Bio-Qualität, garantiert Ihnen eine gute Verträglichkeit und kann von vorneherein Unverträglichkeiten ausschließen.

Um den Leckerlis eine »Würze« zu verleihen, empfehle ich Ihnen, eine selbst gekochte Brühe zu verwenden. Auch frische oder getrocknete Kräuter verleihen so manchem Gericht den letzten Pfiff, den auch unsere Hunde zu schätzen wissen.

## Selbst gemachte Brühe

**Zutaten:**
1 Suppenhuhn oder 1 Stück Suppenfleisch (Rindfleisch)
1 - 2 Bund Suppengrün (Möhren, Porree, Sellerie, Petersilie)
1,5 ltr. Wasser

**Zubereitung:**
Das Fleisch unter fließendem Wasser gut ab- bzw. auswaschen.
Wasser in einen großen Topf füllen und zusammen mit dem Fleisch und dem klein geschnittenen Gemüse ca. 2 Stunden leicht köcheln lassen. Bitte achten Sie darauf, das Fleisch und das Gemüse in kaltem Wasser aufzusetzen, damit der ganze Geschmack der Zutaten an die Brühe abgegeben wird.

Die Brühe auskühlen lassen und über Nacht in den Kühlschrank stellen, am nächsten Tag das überflüssige Fett abschöpfen. Die Brühe abgießen und das Fleisch von den Knochen lösen. Beim Suppenhuhn gut aufpassen, dass sich nicht noch kleine Knochen im Fleisch befinden. Diese können dem Hund gefährlich werden. Das Gemüse sollte nicht weiter verwendet werden. Das Fleisch kann im pürierten Zustand für die Herstellung der Putenbällchen verwendet oder mit etwas gekochtem Reis als Mahlzeit serviert werden.

Die Brühe kann nun in kleinen Portionen gut eingefroren werden.

Zur Aufbewahrung der Kekse empfiehlt sich ein Gefäß, welches nicht luftdicht abschließt.

Die Kekse vor dem Verpacken immer vollständig auskühlen lassen. Gut geeignet sind auch Beutel aus Baumwolle. Die Kekse halten sich am besten bei kühler, trockener Lagerung.

Weiche Leckerlis oder Leckerlis mit hohem Feuchtigkeitsgehalt sollten im Kühlschrank aufbewahrt werden. Bringen Sie diese vor dem Verfüttern aber immer auf Raumtemperatur. Hunde mögen keine gekühlten Speisen, ihre »normale Beute« hätte ja auch Körpertemperatur und kommt nicht aus dem Kühlschrank.

Besondere Hinweise zur Aufbewahrung finden Sie bei den Rezepten.

# Vegetarische Kekse

Vegetarische Kekse eignen sich vor allem für Hunde, die wenig tierisches Eiweiß aufnehmen dürfen. Die hier vorgestellten Rezepte sind kalorienarm und sehr gut verträglich.

# Dinkelstangen

Der in den Dinkelstangen enthaltene Thymian wirkt beruhigend auf Magen und Darm.

**Zutaten:**

375 gr Dinkelvollkornmehl
125 gr Haferflocken
50 gr Butter
60 ml warme Milch
120 ml warmes Wasser
1 TL Thymian

**Backzeit:** 30 Minuten im vorgeheizten Backofen
**Temperatur:** Heißluft 160 °C, Ober- und Unterhitze 180 °C

**Zubereitung:**

Die Zutaten in einer Küchenmaschine oder mit dem Handmixer und Knethaken zu einem Teig verarbeiten. Den Teig in Klarsichtfolie verpacken und ca. 30 Minuten ruhen lassen. Anschließend wird der Teig mit Hilfe eines Rollholzes etwa 5 mm dick ausgerollt. Nun kann man mit dem Pizzaschneider oder einem Messer rund 4 x 10 cm große Stangen aus dem Teig schneiden. Diese Stangen vor dem Backen mit einer Gabel mehrmals einstechen.
Die Dinkelstangen auf ein mit Backpapier ausgelegtes Backblech legen und im vorgeheizten Backofen 30 Minuten backen. Anschließend die Dinkelstangen im ausgeschalteten Ofen bei leicht geöffneter Ofentür ca. eine Stunde aushärten lassen.

Ergibt etwa 490 gr Dinkelstangen.

# Spinatis

**Zutaten:**
160 gr Dinkelvollkornmehl
160 gr Roggenmehl
50 gr Quark
100 gr Spinat, tiefgekühlt
50 gr Dinkelflocken
150 ml Brühe oder Wasser

**Backzeit:** 30 Minuten im vorgeheizten Backofen
**Temperatur:** Heißluft 160 °C, Ober- und Unterhitze 180 °C

**Zubereitung:**
Den Spinat auftauen und das Tauwasser ausdrücken. Anschließend den Spinat sehr fein hacken oder in der Küchenmaschine im Mixer zerkleinern.
Dinkelvollkornmehl, Roggenmehl und Dinkelflocken in eine Küchenmaschine oder in eine Schüssel geben. Spinat, Quark und Brühe oder Wasser zufügen und zu einem geschmeidigen Teig verarbeiten.
Wenn der Teig zu weich wird, mit der Hand noch Dinkelvollkornmehl unterarbeiten.
Den Teig in Klarsichtfolie verpacken und 30 Minuten ruhen lassen. Anschließend ca. 5 mm dick ausrollen, in Rauten schneiden und mit einer Gabel mehrmals einstechen. Auf ein mit Backpapier ausgelegtes Backblech legen und 30 Minuten backen. Danach den Ofen ausschalten und bei leicht geöffneter Ofentür ca. eine Stunde aushärten lassen.

Ergibt ca. 350 gr Spinatis.

# Hafer-Nuss-Taler

**Zutaten:**
100 gr gemahlene Nüsse, z. B. Haselnüsse
100 gr Haferflocken
250 gr Dinkelvollkornmehl
50 gr Butter oder Margarine
200 ml Wasser
eine Prise Zimt
ganze Mandeln
1 Ei

**Backzeit:** 30 Minuten im vorgeheizten Backofen
**Temperatur:** Heißluft 160 °C, Ober- und Unterhitze 180 °C

**Zubereitung:**
Nüsse, Haferflocken, Dinkelvollkornmehl, Butter, Wasser und Zimt in einer Küchenmaschine oder mit dem Handmixer mit Knethaken zu einem Teig verarbeiten.
Den Teig in Klarsichtfolie verpacken und 30 Minuten ruhen lassen. Anschließend 5 mm dick ausrollen und runde Kekse ausstechen. Die Kekse auf ein mit Backpapier ausgelegtes Backblech setzen und mit einer Gabel Löcher in die Kekse stechen. Das Ei mit drei Esslöffeln Wasser verquirlen und mit einem Backpinsel auf die Kekse streichen. Nun auf jeden Keks drei Mandeln setzen und fest andrücken. 30 Minuten backen. Danach den Ofen ausschalten und bei leicht geöffneter Ofentür ca. eine Stunde aushärten lassen.

Ergibt ca. 510 gr Hafer-Nuss-Taler.

# Roggenknäckebrot

**Zutaten:**
400 gr Roggenmehl, dunkel
100 gr Haferflocken
50 gr Leinsaat
300 ml warme Milch
50 gr Butter oder Margarine

**Backzeit:** 30 Minuten im vorgeheizten Backofen
**Temperatur:** Heißluft 160 °C, Ober- und Unterhitze 180 °C

**Zubereitung:**
Mehl, Haferflocken und Leinsaat in einer Schüssel mischen. Butter zerlassen, mit der warmen Milch und der Mehlmischung in einer Küchenmaschine oder mit dem Handmixer und Knethaken zu einem Teig verarbeiten. Den Teig in Klarsichtfolie verpacken und ca. 30 Minuten ruhen lassen. Anschließend wird der Teig mit Hilfe eines Rollholzes ca. 4 mm dick ausgerollt. Nun kann man mit dem Pizzaschneider oder einem Messer kleine Rauten schneiden. Mit einer Gabel kleine Löcher in den Teig stechen.
Das Roggenknäckebrot auf ein mit Backpapier ausgelegtes Backblech legen und im vorgeheizten Backofen 30 Minuten backen. Anschließend die Kekse im ausgeschalteten Ofen bei leicht geöffneter Ofentür etwa eine Stunde aushärten lassen.

Ergibt etwa 520 gr Roggenknäckebrot.

# Bananenkekse

**Zutaten:**
1 sehr reife Banane
250 gr Roggenmehl
150 gr Buchweizenmehl
1 - 2 Eier, je nach Größe
50 gr Butter
200 ml warmes Wasser
5 gr Carob

**Backzeit:** 40 Minuten im vorgeheizten Backofen
**Temperatur:** Heißluft 150 °C, Ober- und Unterhitze 170 °C

**Zubereitung:**
Die Banane auf einem Teller mit einer Gabel zu einem feinen Brei zerdrücken. Roggen-, Buchweizenmehl, Banane, Eier, Butter, Carob und Wasser in einer Küchenmaschine oder mit dem Handrührgerät mit Knethaken zu einem Teig verarbeiten. Den Teig nicht zu fest halten, evtl. noch etwas Wasser zufügen.

Den Teig in Klarsichtfolie verpacken und 30 Minuten ruhen lassen.
Zunächst eine Rolle aus dem Teig formen, mit einem Messer Scheiben abschneiden. Aus den Scheiben kleine Bananen formen und auf ein mit Backpapier ausgelegtes Backblech legen.
Im vorgeheizten Backofen 40 Minuten backen, danach im ausgeschalteten Ofen bei leicht geöffneter Ofentür eine Stunde aushärten lassen.
Ergibt ca. 450 gr Bananenkekse.

## Carob

Carob wird aus der Frucht des Johannisbrotbaums gewonnen, hat eine natürliche Süße und erinnert an den Geschmack von Kakao. Für Hunde ist es jedoch ungefährlich, da es weder Koffein noch Theobromin enthält. Es sollte jedoch nicht überdosiert werden.

Carob bekommen Sie im Reformhaus oder im Bioladen.

# Kekse mit Fleisch und Fisch

Hunde lieben Fleisch und Fisch, also rein damit in die Kekse!
Hier kann wirklich kaum ein Hund widerstehen.

# Rindfleischleckerlis

Herzhaft, lecker und extra dick, für längeren Knabberspaß!

**Zutaten:**
150 gr Rinderhackfleisch
1 Ei
350 gr Roggenmehl
50 gr Haferflocken
50 ml Öl, Raps- oder Distelöl
140 ml Wasser oder Brühe

**Backzeit:** 45 Minuten im vorgeheizten Backofen
**Temperatur:** Heißluft 150 °C, Ober- und Unterhitze 170 °C

**Zubereitung:**
Alle Zutaten in einer Küchenmaschine oder mit dem Handmixer mit Knethaken zu einem Teig verarbeiten und in Klarsichtfolie verpackt 30 Minuten ruhen lassen.
Mit einem Rollholz 5 mm dick ausrollen und ausstechen, z. B. in Knochenform.
Auf ein mit Backpapier ausgelegtes Backblech legen, mit Hilfe einer Gabel kleine Löcher in die Kekse stechen und im vorgeheizten Backofen 45 Minuten backen. Danach den Ofen ausschalten und noch eine Stunde bei leicht geöffneter Ofentür aushärten lassen.

Ergibt ca. 470 gr Rindfleischleckerlis.

# Fischschmaus

**Zutaten:**
250 gr Dinkelvollkornmehl
100 gr Kartoffelmehl
100 gr Fisch, z. B. Lachs
50 ml Brühe oder Wasser
2 gr getrocknete Petersilie
1 Ei

**Backzeit:** 30 Minuten im vorgeheizten Backofen
**Temperatur:** Heißluft 160 °C, Ober- und Unterhitze 180 °C

**Zubereitung:**
An Fisch kann so ziemlich alles verwendet werden, was der Hund gerne mag.
ACHTUNG: Bitte immer darauf achten, dass alle Gräten entfernt werden!

Den Fisch mit dem Pürierstab oder in der Küchenmaschine im Mixer ganz fein zerkleinern.
Wem das zu aufwendig ist, nimmt Thunfisch aus der Dose, wenn möglich ohne Öl.

Den pürierten Fisch mit Dinkelvollkornmehl, Kartoffelmehl, Brühe und der Petersilie zu einem glatten Teig verarbeiten. In Klarsichtfolie verpackt 30 Minuten ruhen lassen.
Danach auf der Arbeitsplatte ca. 3 mm dick ausrollen und z. B. kleine Herzen ausstechen.
Die Herzen auf ein mit Backpapier ausgelegtes Backblech setzen und mit der Gabel kleine Löcher einstechen.
Nun im vorgeheizten Backofen 30 Minuten backen. Den Ofen ausschalten und bei leicht geöffneter Ofentür noch eine Stunde aushärten lassen.

Ergibt ca. 350 gr Fischschmaus.

## Tipp

Je nachdem, welchen Fisch Sie verwenden, sollten diese Kekse nicht allzu lange aufbewahrt werden. Thunfisch und Lachs zum Beispiel sind sehr fetthaltig und es besteht die Gefahr des Ranzigwerdens. Daher die Kekse in einer nicht luftdicht abschließenden Dose höchstens zwei Wochen aufbewahren.

# Putenbällchen

**Zutaten:**
200 gr Dinkelvollkornmehl
100 gr Roggenmehl
50 gr Buchweizenmehl
100 gr Putenbrust
1 Ei
120 ml Brühe oder Wasser
2 gr Kräuter, z. B. Kräuter der Provence oder eine andere Kräutermischung ohne Salz

**Backzeit:** 45 Minuten im vorgeheizten Backofen
**Temperatur:** Heißluft 150 °C, Ober- und Unterhitze 170 °C

**Zubereitung:**
Das Putenfleisch waschen und trocken tupfen. In kleine Würfel schneiden und im Mixer der Küchenmaschine zu einem feinen Brei zerkleinern.
Das Putenfleisch mit den anderen Zutaten in der Küchenmaschine oder mit dem Handmixer mit Knethaken zu einem geschmeidigen Teig verarbeiten. 30 Minuten in Klarsichtfolie verpackt ruhen lassen.
Den Teig nochmal mit der Hand gut durchkneten und zu einer Rolle formen. Mit einem Messer Scheiben abschneiden. Diese Scheiben zu kleinen Bällchen formen und auf ein mit Backpapier ausgelegtes Backblech setzen. Darauf achten, dass die Bällchen nicht übereinander und nicht zu dicht aneinander liegen.
Ca. 45 Minuten im vorgeheizten Backofen backen. Nach 45 Minuten eine Garprobe machen und nachsehen, ob die Bällchen durchgebacken sind. Sollten sie in der Mitte noch zu klebrig sein, weitere 10 Minuten backen. Das hängt immer ein wenig von der Größe der Bällchen ab.
Die Putenbällchen im ausgeschalteten Ofen, bei leicht geöffneter Tür, noch eine Stunde aushärten lassen.

Ergibt ca. 370 gr Putenbällchen.

# Straußengebäck mit Roter Bete

Bei Straußenfleisch handelt es sich um ein sehr fettarmes Fleisch, das auch für Allergiker sehr gut geeignet ist.

**Zutaten:**
100 gr Straußenfleisch
200 gr Roggenmehl
100 gr Buchweizenmehl
50 gr Butter oder Margarine
150 ml Rote Bete-Saft
etwas Sesam

**Backzeit:** 30 Minuten im vorgeheizten Backofen
**Temperatur:** Heißluft 160 °C, Ober- und Unterhitze 180 °C

**Zubereitung:**
Das Fleisch waschen und trocken tupfen, anschließend in kleine Stücke schneiden und im Mixer der Küchenmaschine zu feinem Püree zerkleinern.
Fleisch sowie Butter, Roggen- und Dinkelmehl mit dem Rote Bete-Saft in der Küchenmaschine oder dem Handmixer mit Knethaken zu einem Teig verarbeiten.
Den Teig in Klarsichtfolie verpacken und 30 Minuten ruhen lassen.
5 mm dick ausrollen und mit dem Ausstecher kleine Kekse ausstechen. Diese mit einer Gabel mehrmals einpieksen und auf ein mit Backpapier ausgelegtes Backblech setzen. Die Oberfläche der Taler mit Wasser bestreichen und mit etwas Sesam bestreuen.
Im vorgeheizten Backofen 30 Minuten backen und im Anschluss bei leicht geöffneter Ofentür noch eine Stunde aushärten lassen.

Ergibt ca. 330 gr Straußengebäck.

# Trockenfleisch

Die Herstellung von Trockenfleisch ist durchaus etwas umständlich und zeitaufwendig. Sie lohnt sich aber, besonders, wenn Sie einen allergischen Hund in der Familie haben.

### Zutaten:

1 kg Fleisch, z. B. Rindfleisch, man kann aber auch andere Fleischsorten oder Innereien verwenden.

**Backzeit:** 5 - 6 Stunden im vorgeheizten Backofen
**Temperatur:** Heißluft 160 °C/ 90 °C

### Zubereitung:

Das Fleisch waschen, trocken tupfen und das Fett abschneiden. Nun das Fleisch in sehr dünne Scheiben von max. 0,5 cm schneiden und auf ein mit Backpapier belegtes Backblech legen.
Ca. eine Stunde bei 160 °C Heißluft backen, im Anschluss die Temperatur auf 90 °C reduzieren und die Fleischstreifen 4 - 5 Stunden trocknen. Alle 30 Minuten die Fleischstreifen umdrehen.

Die Trocknungszeit kann variieren, dies ist immer von der Fleischsorte und der Dicke der Fleischstücke abhängig. Das Trockenfleisch ist fertig, wenn es vollständig durchgetrocknet ist. Pansen eignet sich natürlich auch sehr gut zum Trocknen und wird von den Hunden gerne angenommen, jedoch ist das Trocknen von Pansen sehr geruchsintensiv.

### Tipp

Das Trockenfleisch kühl und trocken aufbewahren. Wenn es keiner Feuchtigkeit ausgesetzt wird, ist es bis zu sechs Monate lang haltbar. Bei Feuchtigkeit besteht die Gefahr der Schimmelbildung.

# Kekse für Allergiker und glutenfreie Kekse

Dieses Kapitel ist allen Allergikern unter den Hunden gewidmet und all jenen, die sehr empfindlich auf verschiedene Nahrungsmittel reagieren.

# Mais-Reis-Cracker

Glutenfrei

**Zutaten:**

225 gr Maismehl
125 gr Reismehl
125 gr Hühnerfleisch,
z. B. Hähnchenbrustfilet
50 ml Öl, Raps- oder Distelöl
125 ml Brühe oder Wasser

**Backzeit:** 30 - 40 Minuten im vorgeheizten Backofen
**Temperatur:** Heißluft 160 °C, Ober- und Unterhitze 180 °C

**Zubereitung:**

Das Hühnerfleisch ohne Knochen waschen und trocken tupfen. In kleine Würfel schneiden und im Mixer der Küchenmaschine zu einem feinen Brei pürieren.

Maismehl, Reismehl, Fleisch, Öl und Brühe in der Küchenmaschine oder mit dem Handmixer mit Knethaken zu einem Teig verarbeiten.

Den Teig in Klarsichtfolie verpackt 30 Minuten ruhen lassen.

Auf der Arbeitsplatte sehr vorsichtig auf 4 mm Dicke ausrollen und in 3 x 3 cm große Stücke schneiden. Dies ist nicht so einfach wie bei anderen Teigen, da dieser Teig glutenfrei ist und somit keinen Mehlkleber beinhaltet.

Sollten Sie Schwierigkeiten mit dem Ausrollen haben, so formen Sie aus dem Teig einfach erbsengroße Bällchen.

Die Kekse oder Bällchen auf ein mit Backpapier ausgelegtes Backblech legen und im vorgeheizten Backofen ca. 30 - 40 Minuten backen. Im abgeschalteten Ofen bei leicht geöffneter Tür noch eine Stunde aushärten lassen.

Ergibt ca. 400 gr Mais-Reis-Cracker.

## Tipp

Sollte Ihr Hund kein Hühnerfleisch vertragen, kann man dieses durch jede andere Sorte Fleisch oder Fisch ersetzen. Wichtig ist nur, dass das Fleisch bzw. der Fisch immer ohne Knochen oder Gräten und als Püree oder Hackfleisch verarbeitet wird.

# Hirse-Kekse

Glutenfrei

**Zutaten:**

150 gr Braunhirse
100 gr Kartoffelmehl
150 gr Thunfisch in Öl
3 gr getrocknete Petersilie
1 Ei
50 ml Brühe oder Wasser
etwas Sesam

**Backzeit:** 40 Minuten im vorgeheizten Backofen
**Temperatur:** Heißluft 160 °C, Ober- und Unterhitze 180 °C

**Zubereitung:**

Braunhirse, Kartoffelmehl, Thunfisch mit Öl, Petersilie, Ei und Brühe in der Küchenmaschine oder mit dem Handmixer mit Knethaken zu einem Teig verarbeiten.
Der Teig wird aufgrund des fehlenden Mehlklebers recht weich bleiben.
Mit leicht feuchten Händen aus dem Teig kleine Kugeln formen und diese dann in dem Sesam wälzen. Anschließend die Kugeln auf ein mit Backpapier ausgelegtes Backblech legen und im vorgeheizten Backofen ca. 40 Minuten backen. Sollten die Kekse nach der angegebenen Backzeit in der Mitte noch etwas feucht sein, nochmal weitere 10 Minuten backen. Danach im abgeschalteten Ofen noch eine Stunde bei leicht geöffneter Tür aushärten lassen.

Ergibt ca. 330 gr Hirse-Kekse.

# Amarant-Waffeln

Glutenfrei

Leicht und schnell zubereitet und von allen Hunden geliebt!

**Zutaten:**

50 gr weiche Butter oder Margarine
1 Ei
200 gr Amarantmehl
250 ml Möhrensaft
20 gr Haselnüsse, bei Allergikern kann man auch Hafer-, Dinkel- oder Hirseflocken nehmen
10 gr Weinsteinbackpulver

Das Waffeleisen aufheizen

**Zubereitung:**

Die Butter in der Küchenmaschine oder mit dem Handmixer mit Schneebesen schaumig rühren. Das Ei zufügen. Mehl, Nüsse bzw. Haferflocken und Weinsteinbackpulver mischen und abwechselnd mit dem Möhrensaft unter die Butter-Ei-Mischung rühren. Der Teig sollte schwer reißend vom Löffel fallen. Ist er zu fest, geben Sie noch etwas Möhrensaft dazu. Wenn er zu weich geworden ist, noch etwas Amarantmehl zufügen.
Geben Sie pro Waffel drei Essl. Teig in das Waffeleisen.
WICHTIG: Die Waffeln bitte immer vor dem Verzehr vollständig auskühlen lassen.

Ergibt fünf Waffeln.

## Achtung

Die Butter-Ei-Masse wird sich nicht richtig verbinden, sondern sich etwas absetzen. Dies geschieht dadurch, dass kein Zucker in dem Teig enthalten ist. Die Masse wird sich aber später mit den anderen Zutaten wieder verbinden.

# Buchweizen-Happen

Glutenfrei

**Zutaten:**

1 sehr reife Banane
300 gr Buchweizenmehl
1 TL Carob
100 ml Milch oder Wasser
1 Ei

**Backzeit:** 40 Minuten im vorgeheizten Backofen
**Temperatur:** Heißluft 160 °C, Ober- und Unterhitze 180 °C

**Zubereitung:**

Die Banane mit Hilfe einer Gabel zu einem feinen Brei zerdrücken und anschließend mit allen anderen Zutaten zu einem weichen Teig verarbeiten.
Mit Hilfe zweier Teelöffel kleine Häufchen auf das mit Backpapier ausgelegte Backblech setzen. Im vorgeheizten Backofen ca. 40 Minuten backen. Wenn die Buchweizen-Happen noch nicht ganz gar sind, weitere 10 Minuten backen, bis sie in der Mitte vollständig durchgegart sind. Dann im ausgeschalteten Backofen bei leicht geöffneter Tür noch eine Stunde aushärten lassen.

Ergibt ca. 300 gr Buchweizen-Happen.

# Dinkel-Kartoffel-Herzen

**Zutaten:**
300 gr Dinkelvollkornmehl
150 gr Kartoffelmehl
100 gr Rinderhackfleisch
50 ml Öl, Raps- oder Distelöl
180 - 200 ml Brühe oder Wasser

**Backzeit:** 30 Minuten im vorgeheizten Backofen
**Temperatur:** Heißluft 160 °C, Ober- und Unterhitze 180 °C

**Zubereitung:**
Alle Zutaten in der Küchenmaschine oder mit dem Handrührgerät mit Knethaken zu einem geschmeidigen Teig verarbeiten. Diesen in Klarsichtfolie verpackt 30 Minuten ruhen lassen.
Auf ca. 4 mm Dicke ausrollen und kleine Herzchen ausstechen. Die Herzchen mit einer Gabel mehrmals einstechen und auf ein mit Backpapier ausgelegtes Backblech legen. Im vorgeheizten Backofen 30 Minuten backen. Danach noch eine Stunde im abgeschalteten Ofen bei leicht geöffneter Tür aushärten lassen.

Ergibt ca. 470 gr Dinkel-Kartoffel-Herzen.

# Leber-Brezeln

Glutenfrei

**Zutaten:**
300 gr Buchweizenmehl
250 gr Puten- oder Gänseleber
1 Ei

**Backzeit:** 45 Minuten im vorgeheizten Backofen
**Temperatur:** Heißluft 160 °C, Ober- und Unterhitze 180 °C

**Zubereitung:**
Die Leber waschen und fein pürieren. Anschließend mit dem Buchweizenmehl und dem Ei in der Küchenmaschine oder mit dem Handmixer mit Knethaken zu einem Teig verarbeiten. Sollte der Teig etwas klebrig sein, von Hand noch etwas Buchweizenmehl unterarbeiten.

Kleine Teigstücke von ca. 30 gr abwiegen und Brezeln formen. Auf ein mit Backpapier ausgelegtes Backblech legen und im vorgeheizten Backofen 45 Minuten backen. Danach den Ofen ausschalten und bei leicht geöffneter Ofentür ca. eine Stunde aushärten lassen.

Ergibt ca. 420 gr Leber-Brezeln.

# Hähnchenzöpfe

Glutenfrei

**Zutaten:**

350 gr Buchweizenmehl
100 gr Kartoffelmehl
200 gr Hähnchenbrust
140 ml Möhrensaft

**Backzeit:** 50 - 60 Minuten im vorgeheizten Backofen
**Temperatur:** Heißluft 160 °C, Ober- und Unterhitze 180 °C

**Zubereitung:**

Die Hähnchenbrust waschen und fein pürieren. Anschließend mit den restlichen Zutaten in der Küchenmaschine oder mit dem Handmixer mit Knethaken zu einem Teig verarbeiten. Sollte der Teig etwas klebrig sein, von Hand noch etwas Buchweizenmehl unterarbeiten.

Kleine Teigstücke von ca. 50 gr abwiegen. Aus den Teigstücken jeweils drei Rollen formen und zu einem Zopf flechten. Auf ein mit Backpapier ausgelegtes Backblech legen und im vorgeheizten Backofen 50 - 60 Minuten backen. Danach den Ofen ausschalten und bei leicht geöffneter Ofentür ca. eine Stunde aushärten lassen.

Ergibt ca. 600 gr Hähnchenzöpfe.

# Fleischkäse

Glutenfrei

**Zutaten:**
500 gr Hackfleisch vom Rind oder Geflügel
100 gr Putenleber
1 Ei
½ TL Majoran
Alu-Kastenform

**Backzeit:** 60 Minuten im vorgeheizten Backofen
**Temperatur:** Heißluft 160 °C, Ober- und Unterhitze 180 °C

**Zubereitung:**
Die Putenleber waschen und fein pürieren. Mit dem Hackfleisch, dem Ei und dem Majoran in ein Schüssel geben und mit den Händen kräftig durchkneten. So lange, bis eine feine, homogene Masse entstanden ist.
Die Masse in die Aluform einfüllen und im vorgeheizten Backofen 60 Minuten backen.

Nachdem der Fleischkäse ausgekühlt ist zunächst in Scheiben und dann in kleine Würfel schneiden.

## Tipp

Im Kühlschrank ist der Fleischkäse ca. 2 - 3 Tage lang haltbar. Er lässt sich jedoch sehr gut einfrieren.

# Gesunde, leckere Kräuterkekse

Feine Kräuter verleihen diesen Keksen ein herrliches Aroma und schmecken dabei auch noch hervorragend, auch unseren Hunden.
Kekse mit Kamille, Salbei, Thymian und Fenchel beruhigen Magen und Darm und sind bei empfindlichen Hunden besonders empfehlenswert. Achten Sie beim Kauf der getrockneten Kräuter immer auf gute Qualität. Am besten im Reformhaus, Bioladen oder in der Apotheke kaufen oder die Kräuter aus dem eigenen Garten selber trocknen.

# Kekse mit Kamille

**Zutaten:**
150 gr Dinkelvollkornmehl
150 gr Roggenmehl
150 gr Maismehl
2 Essl. getrocknete Kamille
50 ml Öl, Raps- oder Distelöl
250 ml Brühe oder Wasser

**Backzeit:** 30 Minuten im vorgeheizten Backofen
**Temperatur:** Heißluft 160 °C, Ober- und Unterhitze 180 °C

**Zubereitung:**
Alle Zutaten in der Küchenmaschine oder mit dem Handmixer mit Knethaken zu einem glatten Teig verarbeiten. Mit Klarsichtfolie abdecken und 30 Minuten ruhen lassen.
Den Teig auf eine Dicke von etwa 4 mm ausrollen und mit Hilfe eines Pizzaschneiders oder eines Messer in ca. 2 x 2 cm große Kekse schneiden.
Die Kekse mit einer Gabel einstechen und auf ein mit Backpapier ausgelegtes Backblech setzen. 30 Minuten im vorgeheizten Backofen backen. Danach noch eine Stunde im abgeschalteten Ofen bei leicht geöffneter Tür aushärten lassen.

Ergibt: ca. 430 gr Kekse mit Kamille.

# Kekse mit Salbei

**Zutaten:**
250 gr Dinkelvollkornmehl
100 gr Buchweizenmehl
1 TL getrockneter Salbei
100 ml Milch
100 ml Wasser
50 gr Käse, Gouda oder Emmentaler

**Backzeit:** 30 Minuten im vorgeheizten Backofen
**Temperatur:** Heißluft 160 °C, Ober- und Unterhitze 180 °C

**Zubereitung:**
Den Käse fein reiben. Zusammen mit den restlichen Zutaten in der Küchenmaschine oder mit dem Handrührgerät mit Knethaken zu einem glatten Teig verarbeiten. Mit Klarsichtfolie abdecken und 30 Minuten ruhen lassen. Danach ca. 3 mm dick ausrollen und in 2 x 10 cm lange Streifen schneiden. Mit der Gabel Löcher in die Kekse stechen und auf ein mit Backpapier ausgelegtes Backblech legen. 30 Minuten im vorgeheizten Backofen backen, danach noch eine Stunde im leicht geöffneten Backofen aushärten lassen.

Ergibt ca. 350 gr Kekse mit Salbei.

# Kekse mit Thymian

Sehr weiche und mürbe Kekse, aber aufgrund des hohen Butteranteils sehr kalorienhaltig

**Zutaten:**
125 gr weiche Butter oder Margarine
1 Ei
150 gr Dinkelvollkornmehl
1 TL Thymian
etwas Milch

**Backzeit:** 15 - 20 Minuten im vorgeheizten Backofen
**Temperatur:** Heißluft 160 °C, Ober- und Unterhitze 180 °C

**Zubereitung:**
Butter schaumig schlagen, am besten in der Küchenmaschine oder mit dem Handrührgerät mit Schneebesen. Das Ei unterrühren. Danach Mehl und Thymian unterarbeiten. Es soll ein weicher, spritzfähiger Teig entstehen. Wenn der Teig zu fest ist, mit etwas Milch verdünnen.
Mit Hilfe eines Spritzbeutels und einer Lochtülle der Größe drei kleine Kekse auf ein mit Backpapier ausgelegtes Backblech spritzen. Wenn Sie keinen Spritzbeutel zur Hand haben, mit zwei Espressolöffeln kleine Häufchen auf das Backblech setzen.
Die Kekse im vorgeheizten Backofen ca. 15 - 20 Minuten backen. Aufgrund des hohen Butteranteils werden die Kekse beim Backen schäumen.

Ergibt ca. 240 gr Kekse mit Thymian.

### Achtung

Die Kekse nicht zu groß machen und vor allem nicht zu viele füttern, sie sind sehr kalorienhaltig. Aufbewahrung max. 14 Tage.

# Kekse mit Fenchel

**Zutaten:**
250 gr Reismehl
270 gr Roggenmehl
50 gr Dinkelflocken
300 ml Milch
2 Eier
1 - 2 TL gemahlener Fenchelsamen

**Backzeit:** 30 Minuten im vorgeheizten Backofen
**Temperatur:** Heißluft 160 °C, Ober- und Unterhitze 180 °C

**Zubereitung:**
Alle Zutaten in der Küchenmaschine oder mit dem Handmixer mit Knethaken zu einem glatten Teig verarbeiten. 30 Minuten mit Klarsichtfolie abgedeckt ruhen lassen.
Nach dem Ausrollen auf ca. 3 mm Dicke den Teig ausstechen und mit Hilfe einer Gabel einpieksen. Auf ein mit Backpapier ausgelegtes Backblech legen und 30 Minuten im vorgeheizten Backofen backen. Nach der Backzeit im ausgeschalteten Ofen bei leicht geöffneter Tür eine Stunde aushärten lassen.

Ergibt ca. 420 gr Kekse mit Fenchel.

# Kekse mit Minze

Sorgen für einen frischeren Atem bei Hunden

**Zutaten:**
350 gr Dinkelvollkornmehl
1 Ei
50 ml Öl, Raps- oder Distelöl
25 gr getrocknete Petersilie
10 gr getrocknete Minze
195 ml Milch

**Backzeit:** 30 Minuten im vorgeheizten Backofen
**Temperatur:** Heißluft 160 °C, Ober- und Unterhitze 180 °C

**Zubereitung:**
In der Küchenmaschine oder mit dem Handmixer mit Knethaken alle Zutaten zu einem glatten Teig verarbeiten. 30 Minuten in Klarsichtfolie abgedeckt ruhen lassen.
Danach auf ca. 3,5 mm Dicke ausrollen und ausstechen oder in kleine Rauten schneiden.
Mit einer Gabel Löcher in die Kekse stechen und auf ein mit Backpapier ausgelegtes Backblech legen. 30 Minuten im vorgeheizten Backofen backen.
Nach dem Backen noch eine Stunde im ausgeschalteten Ofen bei leicht geöffneter Ofentür aushärten lassen.

Ergibt ca. 380 gr Kekse mit Minze.

# Agility-Leckerlis

Spiel, Sport und Spaß sind ganz wichtig für jeden Hund. Einige Rezepte für die passenden Leckerlis finden Sie in diesem Kapitel.
Diese weichen, kleinen Häppchen sind ideal fürs Training.

Wichtig: Aufgrund des hohen Feuchtigkeitsgehaltes sind diese nicht lange haltbar – im Kühlschrank ca. 2 - 3 Tage. Sie können diese Kekse jedoch sehr gut einfrieren.

FETCH

# Agility-Kekse mit Rind

Weiche Trainingshappen, ideal für Sport, Spiel und Spaß

**Zutaten:**
200 gr Rinderfleisch
200 gr Rinderleber
200 gr Haferflocken
200 gr Dinkelvollkornmehl
3 - 4 Eier

**Backzeit:** 20 - 30 Minuten im vorgeheizten Backofen
**Temperatur:** Heißluft 160 °C, Ober- und Unterhitze 180 °C

**Zubereitung:**
Fleisch und Leber waschen, trocken tupfen und in Würfel schneiden. Im Mixer der Küchenmaschine zerkleinern. Eier, Haferflocken und Dinkelvollkornmehl zufügen und die Masse auf höchster Stufe ca. 3 Minuten durchmixen.
Backblech gut mit Butter oder Margarine einfetten und die Masse fingerdick auf das Backblech aufstreichen.
Im vorgeheizten Backofen ca. 20 - 30 Minuten backen. Etwas auskühlen lassen und vorsichtig vom Backblech lösen. Wenn die Teigplatte erkaltet ist, in etwa 1 x 1 cm große Würfel schneiden.
Um dem Ganzen noch etwas mehr »Würze« zu verleihen, kann man gerne noch etwas Petersilie oder getrockneten Knoblauch zufügen. Bei Knoblauch immer darauf achten, dass Sie nur getrockneten Knoblauch, also Granulat oder Pulver, verwenden, da der frische Knoblauch zu viel ätherische Öle enthält. Bitte den Knoblauch auch nur ganz sparsam einsetzen, denn die Hundenase ist um ein Vielfaches empfindlicher als unsere!

Ergibt ca. 780 gr Agility-Kekse.

# Agility-Kekse mit Geflügelleber

Weiche Trainingshappen, ideal für Sport, Spiel und Spaß

**Zutaten:**
400 gr Geflügelleber
200 gr Haferflocken
200 gr Dinkelvollkornmehl
3 - 4 Eier

**Backzeit:** 20 - 30 Minuten im vorgeheizten Backofen
**Temperatur:** Heißluft 160 °C, Ober- und Unterhitze 180 °C

**Zubereitung:**
Leber waschen, trocken tupfen und in Würfel schneiden. Im Mixer der Küchenmaschine zerkleinern. Eier, Haferflocken und Dinkelvollkornmehl zufügen und die Masse auf höchster Stufe ca. 3 Minuten durchmixen.
Backblech gut mit Butter oder Margarine einfetten und die Masse fingerdick auf das Backblech aufstreichen.
Im vorgeheizten Backofen ca. 20 - 30 Minuten backen. Etwas auskühlen lassen und vorsichtig vom Backblech lösen. Wenn die Teigplatte erkaltet ist, in etwa 1 x 1 cm große Würfel schneiden.
Um dem Ganzen noch etwas mehr »Würze« zu verleihen, kann man gerne noch etwas Petersilie oder getrockneten Knoblauch, zufügen. Bei Knoblauch immer darauf achten, dass Sie nur getrockneten Knoblauch, also Granulat oder Pulver, verwenden, da der frische Knoblauch zu viel ätherische Öle enthält. Bitte den Knoblauch auch nur ganz sparsam einsetzen, denn die Hundenase ist um ein Vielfaches empfindlicher als unsere!

Ergibt ca. 780 gr Agility-Kekse.

# Agility-Kekse mit Huhn

Weiche Trainingshappen, ideal für Sport, Spiel und Spaß

**Zutaten:**
300 gr Hähnchenbrustfilet
100 gr Hähnchenleber
200 gr Haferflocken
200 gr Dinkelvollkornmehl
3 - 4 Eier

**Backzeit:** 20 - 30 Minuten im vorgeheizten Backofen
**Temperatur:** Heißluft 160 °C, Ober- und Unterhitze 180 °C

**Zubereitung:**
Fleisch und Leber waschen, trocken tupfen und in Würfel schneiden. Im Mixer der Küchenmaschine zerkleinern. Eier, Haferflocken und Dinkelvollkornmehl zufügen und die Masse auf höchster Stufe ca. 3 Minuten durchmixen.
Backblech gut mit Butter oder Margarine einfetten und die Masse fingerdick auf das Backblech aufstreichen.
Im vorgeheizten Backofen ca. 20 - 30 Minuten backen. Etwas auskühlen lassen und vorsichtig vom Backblech lösen. Wenn die Teigplatte erkaltet ist, in etwa 1 x 1 cm große Würfel schneiden.
Um dem Ganzen noch etwas mehr »Würze« zu verleihen, kann man gerne noch etwas Petersilie oder getrockneten Knoblauch, zufügen. Bei Knoblauch immer darauf achten, dass Sie nur getrockneten Knoblauch, also Granulat oder Pulver, verwenden, da der frische Knoblauch zu viel ätherische Öle enthält. Bitte den Knoblauch auch nur ganz sparsam einsetzen, denn die Hundenase ist um ein Vielfaches empfindlicher als unsere!

Ergibt ca. 780 gr Agility-Kekse.

# Gebäck für Festtage

Festtage sind zum Feiern da. Auch im Leben eines Hundes gibt es genug Festtage, die man feiern kann. Wie wär's denn mit einer Torte zum Geburtstag oder leckeren Osterkeksen, die im Garten versteckt werden? Mit duftenden Weihnachtsplätzchen oder herrlichen Festtagskeksen zur Einschulung in die Hundeschule? Anlässe zum Feiern gibt es viele – hier ein paar Rezepte für besondere Tage.

BIRTHDAY HAPPY

# Osterkekse mit Möhren

**Zutaten:**
150 gr Roggenmehl
150 gr Dinkelvollkornmehl
150 gr Kartoffelmehl
150 gr Möhren
50 ml Öl, Raps- oder Distelöl
170 ml Brühe oder Wasser

**Backzeit:** 35 Minuten im vorgeheizten Backofen
**Temperatur:** Heißluft 160 °C, Ober- und Unterhitze 180 °C

**Zubereitung:**
Die Möhren waschen und evtl. schälen, auf einer Reibe sehr fein reiben. Zusammen mit den anderen Zutaten in der Küchenmaschine oder mit dem Handmixer mit Knethaken zu einem glatten Teig verarbeiten. 30 Minuten mit Klarsichtfolie abgedeckt ruhen lassen.
Den Teig auf 4 mm Dicke ausrollen und mit Ostermotiven ausstechen.
Die Kekse mit der Gabel mehrmals einstechen und auf ein mit Backpapier ausgelegtes Backblech legen. Ca. 35 Minuten im vorgeheizten Backofen backen. Im Anschluss im abgeschalteten Ofen noch eine Stunde bei leicht geöffneter Tür aushärten lassen.

Ergibt ca. 430 gr Osterkekse.

**Tipp**

Schön verpackt auch ein ideales kleines Geschenk!

# Weihnachtsgebäck

Duftet herrlich nach Zimt, da kann kaum eine Fellnase widerstehen!

**Zutaten:**
350 gr Dinkelvollkornmehl
100 gr Haferflocken
50 gr weiche Butter oder Margarine
100 ml Milch
75 ml Wasser
1 Ei
eine Prise Zimt

**Backzeit:** 30 Minuten im vorgeheizten Backofen
**Temperatur:** Heißluft 160 °C, Ober- und Unterhitze 180 °C

**Zubereitung:**
Alle Zutaten in der Küchenmaschine oder mit dem Handmixer mit Knethaken zu einem Teig verarbeiten. Mit Klarsichtfolie abdecken und 30 Minuten ruhen lassen.
Den Teig auf ca. 4 mm Dicke ausrollen und mit Weihnachtsmotiven ausstechen. Mit einer Gabel kleine Löcher in die Kekse stechen und auf ein mit Backpapier ausgelegtes Backblech legen. Im vorgeheizten Backofen ca. 30 Minuten backen. Anschließend noch eine Stunde im abgeschalteten Ofen bei leicht geöffneter Tür aushärten lassen.

Ergibt ca. 460 gr Weihnachtsgebäck.

## Tipp

Sie können aus diesem Rezept auch Weihnachtsbaumschmuck herstellen. Dafür den Teig etwas dicker, auf ca. 5 mm ausrollen und große Kekse wie z.B. Tannenbäume oder Sterne ausstechen. Mit einer Stricknadel im oberen Teil des Kekses ein größeres Loch stechen, hier wird später ein Geschenkband durchgezogen, damit man die Kekse an den Weihnachtsbaum hängen kann. Die Kekse sehr gut mit einer Gabel einstechen, ansonsten besteht die Gefahr der Blasenbildung beim Backen. Im vorgeheizten Ofen mindestens 40 Minuten backen, sollten sie nach der Backzeit noch nicht gar sein, weitere 10 Minuten backen und im ausgeschalteten Ofen bei leicht geöffneter Tür eine Stunde aushärten lassen.
Wenn die Kekse erkaltet sind, durch das Loch ein Geschenkband ziehen und die Kekse in den Weihnachtsbaum hängen.
Schön verpackt auch ein ideales kleines Geschenk!

# Festtagskekse

Ein besonderer Keks für besondere Tage. Etwas aufwendiger in der Herstellung, aber sehr, sehr schmackhaft.

**Zutaten:**

400 gr Dinkelvollkornmehl
100 gr Buchweizenmehl
100 gr Käse, Gouda oder Emmentaler
100 gr Lachs
100 gr Putenleber
50 gr weiche Butter
50 gr Dinkelflocken
150 ml Brühe oder Wasser
evtl. Kräutermischung ohne Salz

**Backzeit:** 30 Minuten im vorgeheizten Backofen
**Temperatur:** Heißluft 160 °C, Ober- und Unterhitze 180 °C

**Zubereitung:**

Lachs und Leber waschen und trocken tupfen. Beim Lachs darauf achten, dass alle Gräten entfernt werden. In kleine Würfel schneiden und im Mixer der Küchenmaschine sehr fein pürieren. Den Käse fein reiben. Leber, Lachs, Käse mit den restlichen Zutaten in der Küchenmaschine oder mit dem Handmixer mit Knethaken zu einem Teig verarbeiten und in Klarsichtfolie verpackt 30 Minuten ruhen lassen. Danach auf ca. 3 mm Dicke ausrollen und mit schönen Ausstechformen Kekse ausstechen. Die Kekse mit einer Gabel mehrmals einstechen und auf ein mit Backpapier ausgelegtes Backblech im vorgeheizten Ofen 30 Minuten backen. Danach im ausgeschalteten Ofen bei leicht geöffneter Tür eine Stunde aushärten lassen.

Ergibt ca. 600 gr Festtagskekse.

# Geburtstagstorte

Heute ist Geburtstag! Also, Torte backen, Freunde einladen und feiern, feiern, feiern. Diese Torte reicht für mindestens acht bis zehn Hunde, je nach Größe.

**Zutaten:**
(für eine Springform von 26 cm Durchmesser)
400 gr Dinkelvollkornmehl
200 gr Puten- oder Hähnchenleber
100 gr Hähnchenbrust
150 gr Haferflocken
5 Eier
250 gr Butter
etwas Möhrensaft
20 gr Weinsteinbackpulver

**Backzeit:** 40 - 50 Minuten im vorgeheizten Backofen
**Temperatur:** Heißluft 160 °C, Ober- und Unterhitze 180 °C

**Zubereitung:**
Leber und Hähnchenfleisch waschen und im Mixer der Küchenmaschine fein pürieren.
Butter schaumig schlagen und die Eier unterarbeiten. Leber und Hähnchenfleisch unterrühren. Mehl und Backpulver mischen und anschließend immer abwechselnd Mehl und Möhrensaft unterrühren.
Es soll eine weiche, zähflüssige Masse entstehen. Ist sie zu weich, noch etwas Mehl unterrühren, wenn sie zu fest ist, mit etwas Möhrensaft oder Milch verdünnen.
Die Springform gut einfetten, den Teig einfüllen und glatt streichen.
40 - 50 Minuten im vorgeheizten Backofen backen. Nach 40 Minuten mit einem Zahnstocher prüfen, ob die Torte fertig gebacken ist. Stechen Sie mit dem Zahnstocher in die Mitte der Torte, bleiben beim Herausziehen keine Teigreste mehr am Zahnstocher hängen, ist die Torte fertig. Wenn noch Teigreste an dem Zahnstocher anhaften, weitere 10 Minuten backen und diesen Vorgang wiederholen.

Nachdem die Torte ausgekühlt ist, wird sie noch schön dekoriert, z. B. mit Putenbällchen, Dinkel-Kartoffel-Herzen, Bananenkeksen oder Frischkäsebällchen. Hier sind der Fantasie keine Grenzen gesetzt. Als »Kleber« für die Dekoration kann man etwas Frischkäse nehmen.

## Tipp

Die Torte kann gut vorbereitet werden. Im Kühlschrank lagern und vor dem Verzehr auf Zimmertemperatur bringen. Die Torte hält sich im Kühlschrank 2 - 3 Tage.

# Kokosmuffins

**Zutaten:**
150 gr Butter oder Margarine
3 Eier
100 gr Kokosflocken
400 gr Dinkelvollkornmehl
1 Tüte Weinsteinbackpulver
150 - 200 ml Möhrensaft
oder Milch

12 Muffinförmchen aus Papier

**Backzeit:** 45 Minuten im vorgeheizten Backofen
**Temperatur:** Heißluft 150 °C, Ober- und Unterhitze 170 °C

**Zubereitung:**
Butter mit den Eiern schaumig rühren, Kokosflocken unterrühren. Das Mehl mit dem Weinsteinbackpulver vermischen und durchsieben. Anschließend abwechselnd mit dem Möhrensaft bzw. der Milch unter den Teig rühren, bis der Teig schwer reißend vom Löffel fällt.
Die Muffinförmchen bis zu ⅔ befüllen und 45 Minuten im vorgeheizten Backofen backen.
Garprobe nach 45 Minuten. Mit einem Zahnstocher die Muffins einstechen, sollte beim Herausziehen noch Teig an dem Zahnstocher haften, die Muffins noch weitere 10 Minuten backen und die Garprobe wiederholen.

Ergibt ca. 12 Muffins.

## Tipp

Die Muffins sind bei Raumtemperatur ca. 2 - 3 Tage haltbar, für eine längere Haltbarkeit bitte einfrieren.

# Kleine Knabbereien für gemütliche Abende

Draußen ist es nass und kalt – was gibt es da Schöneres, als es sich Zuhause gemütlich zu machen? Oder im Sommer an einem herrlichen lauen Sommerabend im Garten zu sitzen und zu entspannen. Dazu gehören natürlich auch kleine Leckereien. Hier ein paar Ideen, um diese Abende auch für die Hunde noch schöner zu gestalten.

# Gemüse- und Obstchips

**Zutaten:**
Gemüse: z. B. Möhren,
Sellerie, Patinaken

**Trockenzeit:** 6 - 8 Stunden

**Temperatur:** Umluft 60 °C

**Zubereitung:**
Obst und Gemüse waschen und trocknen. In möglichst dünne, ca. 2 - 3 mm dicke Scheiden schneiden. Diese dann auf ein mit Backpapier ausgelegtes Backblech legen und im vorgeheizten Ofen ca. 6 - 8 Stunden trocknen. Die Ofentür sollte immer einen Spalt breit geöffnet sein, evtl. einen Holzlöffel einklemmen, damit die Feuchtigkeit besser entweichen kann.
Die Chips sind fertig, wenn sie vollständig getrocknet sind. Bei bestehender Restfeuchte besteht die Gefahr der Schimmelbildung. Die Trockenzeit kann durchaus variieren, dies ist abhängig von dem Feuchtigkeitsgehalt des Trockengutes und der Dicke der Scheiben.

Trocken, kühl und luftdicht verpacken. Wenn keine Feuchtigkeit an die Chips dringt und diese im Ofen vollständig getrocknet wurden, beträgt die Haltbarkeit etwa drei Monate.

# Popcorn

Ein Spaß für jede Hundeparty!

**Zutaten:**
Popcornmais
1 EL Öl, Raps- oder
Sonnenblumenöl

**Zubereitung:**
Das Öl in einem großen, hohen Topf leicht erwärmen und ca. 50 gr Popcorn zugeben.
Den Topf mit einem Deckel verschließen. Bei mittlerer Hitze fängt das Popcorn nach kurzer Zeit an aufzuspringen. So lange warten, bis keine »Popgeräusche« mehr zu hören sind.
Das Popcorn auf Küchenkrepp leicht abtropfen lassen und nach dem Auskühlen servieren.

Kühl und trocken aufbewahrt hält sich das Popcorn bis zu fünf Tage lang.

# Hundeeis

Eine kühle Erfrischung für heiße Sommertage!

**Zutaten:**
1 Joghurt natur
1 reife Banane
Kräuter

**Zubereitung:**
Banane mit Hilfe einer Gabel zerdrücken, den Joghurt und die Kräuter unterrühren. Dann in einen Eiswürfelbehälter füllen und einfrieren.

### Achtung

Bitte nicht zu viel und zu oft füttern, es gibt Hundemägen, die das kalte Eis nicht gut vertragen.

# Frischkäsepralinen

**Zutaten:**
200 gr Frischkäse
100 gr Magerquark
Sesam, Petersilie, Leinsaat
feine Gemüsewürfel

**Zubereitung:**
Frischkäse und Quark verrühren, Gemüse nach Wahl in sehr feine, kleine Würfel schneiden und unter die Käsemasse rühren. Mit leicht feuchten Händen kleine Kugeln formen und diese in Sesam, Petersilie oder anderen Kräuter wälzen.

### Tipp

Schön verpackt auch ein ideales kleines Geschenk!

# Richtig belohnen

Das richtige Belohnen ist in einem Hundeleben sehr wichtig. Belohnungen zeigen einem Hund, dass er alles richtig gemacht hat und bestärken ihn in seinem Tun. Richtig eingesetzt, verbessern sie das Verstehen und die Beziehung zwischen Mensch und Hund. Zur Belohnung zählt alles, was der Hund gerne mag.

Da die Nahrung ein grundsätzliches Bedürfnis des Hundes darstellt und für ihn eine angenehme Erfahrung ist, können wir uns dies zunutze machen.

Es sollte nicht verschwiegen werden, dass der Einsatz von Belohnungsleckerlis von manchen Hundetrainern als hinderlich in der Erziehung angesehen wird, da sie eventuell die Konzentrationsfähigkeit des Hundes beim Lernen stören könnten und der Hund nur auf das Futter reagiert. Diese Meinung kann ich jedoch aus meiner Erfahrung nicht teilen. Wenn dies so sein sollte, wurde meistens die Methode der Futterbelohnung falsch angewendet. Es kommt natürlich vor, dass der Hund beim »Arbeiten« schon mal gerne an der Tasche riecht und seine Belohnung sucht, dies ist aber leicht abzustellen.

Den Hund mit Leckerlis zu erziehen ist nur bedingt anzuwenden, die Belohnungsleckerlis sind nur eine von vielen Belohnungstechniken.

Bitte sprechen Sie mit Ihrem Hundetrainer über den Einsatz von Leckerlis zur Belohnung.

Er wird Ihnen gerne helfen und mit Ihnen und Ihrem Hund den richtigen Weg finden.

Denken Sie bei der Belohnung immer daran, dass Sie die Leckerlis aus sehr guten Zutaten hergestellt haben. Also aus Vollkornmehlen, Fisch, Fleisch usw. Diese Zutaten sind nicht ohne Kalorien! Daher immer die Belohnung bei der täglichen Futtermenge mit einrechnen, sonst geht das Vergnügen sehr bald auf die Hüften. Auch beim Hund.

# Danke ...

Der größte Dank geht an meinen Mann Jürgen, der mir in der Zeit, als dieses Buch entstand, mit Rat und Tat zur Seite stand. Der mir immer zugehört hat, auch wenn ich mal wieder alle Rezepte umgeschrieben habe.

Ich danke meinen Eltern, meinem Schwiegerröschen und meiner »großen Schwester« für ihre Unterstützung und Geduld.

Ein besonderer Dank geht an meine Fotografin Claudia Pick, ihren Mann Dirk sowie allen Models, die dieses Buch erst zu dem gemacht haben, was es ist.

Nicht zuletzt bedanke ich mich bei Frau Rau, Kynos Verlag, für ihr Vertrauen, die gute Zusammenarbeit und dass sie mir ermöglicht hat, dieses Buch überhaupt zu schreiben.

# Über die Autorin

Martina Schöps lebt mit ihrem Mann, dem Elo-Rüden Watson und den zwei Katern Tom und Jerry im Rheinland. Die ausgebildete Konditorin hat nach jahrelanger Tätigkeit in der gehobenen Gastronomie und einer weiteren Ausbildung zur Reiseverkehrskauffrau ihr eigenes Unternehmen gegründet. Die Idee, gesunde Leckerlis für Hunde und Katzen herzustellen, lieferte die Familienhündin Lotte. Lotte ist ein Labrador-Bodercollie-Mischling und reagiert sehr empfindlich auf künstliche Zusatzstoffe. Als die Autorin begann, für Lotte gesunde Leckerlis selber zu backen, besserte sich auch der Zustand des Hundes. Aufgrund zahlreicher Nachfragen anderer Hundebesitzer nach diesen Leckerlis wurde nach und nach ein kleines Unternehmen aus dieser Idee.

Martina Schöps ist seit 2006 Inhaberin der Firma Schöps-Feinkost für Hunde und Katzen.

Aufgrund ihrer Ausbildung und mehr als 20 Jahren Erfahrung in der Tierhaltung fällt es der Autorin nicht schwer, immer wieder neue, schmackhafte und gesunde Leckerlis und Rezepte zu erstellen.

Adressen:
www.schoeps-feinkost.de Homepage der Autorin
www.hundefotografie-mit-herz.de Homepage der Fotografin